LOCUS

LOCUS

LOCUS

LOCUS

領導者。這個「者」是多數，各部門的主管都是領導者。

——施振榮

創新的6種形式

創新決定競爭力

施振榮 著

蔡志忠 繪

總序

《領導者的眼界》系列，共十二本書。
針對知識經濟所形成的全球化時代，十二個課題而寫。
其中累積了宏碁集團上兆台幣的營運流程，以及孫子兵法的智慧。
十二本書可以分開來單獨閱讀，也可以合起來成一體系。

施振榮

　　這個系列叫做《領導者的眼界》，共十二本
書，主要是談一個企業的領導者，或者有心要成為
企業領導者的人，在知識經濟所形成的全球化時
代，應該如何思維和行動的十二個主題。

　　這十二個主題，是公元二○○○年我在母校交
通大學EMBA十二堂課的授課架構改編而成，它彙
集了我和宏碁集團二十四年來在全球市場的經營心
得和策略運用的精華，富藏無數成功經驗和失敗教
訓，書中每一句話所表達的思維和資訊，都是真槍
實彈，繳足了學費之後的心血結晶，可說是累積了

台幣上兆元的寶貴營運經驗，以及花費上百億元，
經歷多次失敗教訓的學習成果。

除了我在十二堂EMBA課程所整理的宏碁集團
的經驗之外，《領導者的眼界》十二本書裡，還有
另外一個珍貴的元素：孫子兵法。

我第一次讀孫子兵法在二十多年前，什麼機緣
已經不記得了；後來有機會又偶爾瀏覽。說起來，
我不算一個處處都以孫子兵法為師的人，但是回想
起來，我的行事和管理風格和孫子兵法還是有一些
相通之處。

其中最主要的，就是我做事情的時候，都是從
比較長期的思考點、比
較間接的思考點來出
發。一般人可能沒這個
耐心。他們碰到問題，
容易從立即、直接的反

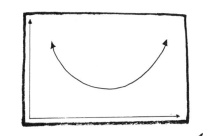

應來思考。立即、直接的反應，是人人都會的，長期、間接的反應，才是與眾不同之處，可以看出別人看不到的機會與問題。

　　和我共同創作《領導者的眼界》十二本書的人，是蔡志忠先生。蔡先生負責孫子兵法的詮釋。過去他所創作的漫畫版本孫子兵法，我個人就曾拜讀，受益良多。能和他共同創作《領導者的眼界》，覺得十分新鮮。

　　我認為知識和經驗是十分寶貴的。前人走過的錯誤，可以不必再犯；前人成功的案例，則可做為參考。年輕朋友如能耐心細讀，一方面可以掌握宏碁集團過去累積台幣上兆元的寶貴營運經驗，一方面可以體會流傳二千多年的孫子兵法的精華，如此做為個人生涯成長和事業發展的借鏡，相信必能受益無窮。

黑先

目錄

前言

- Innovation（創新）+Value（價值）=InnoValue（創新價值）
- 台灣已經從OEM轉為ODM，接下來還有長期要努力的方向。

　　當我們在談要透過創新來創造價值的時候，實質上，這裏面就牽涉到一個很重要的理念價值，那就是形象問題。

　　我記得大概在十年前（1990年），經濟部有一個「國家形象提昇計劃」，這個計畫經過多年的探討，想要在國際上塑造一些有關台灣特質的形象。

　　當時這個計劃是以自創品牌為主，想要為一些台灣企業，創造比較有價值的國際知名品牌，進而提昇台灣整體的國家形象。

　　在計劃執行中，發現經由創新（Innovation）所產生的價值（Value），對台灣企業提昇國際競爭力非常重要，是值得在台灣內部形成一個共識，大

家共同來投入的；所以我們就提出「創新價值」的觀念，並組合 Innovation 與 Value 創出 Innovalue（創新價值）這個字。

實際上，當時很多台灣的企業在製造產品的時候，已經是從消費者的角度在思考：消費者所購買的台灣製產品（MIT；Made In Taiwan），雖然是沒有掛台灣的品牌，而是透過別人的品牌，實際上也是非常有價值的。

台灣從早期主要靠勞力的 OEM（代工生產），變成後來也使用大量腦力的 ODM（代工設計及生產），我們如果從設計的角度來看，還是有部分的創新；這些創新都是為了消費者的價值，這個價值實際上對消費者反

而是比較直接的。

　　有兩個比較表面的價值，其中一個是屬於產品本身，功能性的東西：例如，使用的方便等等；另外一個就是消費者的荷包，也就是物超所值。

　　這種感覺就逐漸變成台灣的一種形象，不過，這個形象恐怕僅是停留在生意層面：就是全世界的做生意的人大概都知道，但是消費者知道不知道，就很難講了。理由是連台灣在哪裡，消費者都不一定知道，怎麼會認識到台灣的東西是具有創新價值的？而台灣生產的東西不掛台灣自有的品牌，所以更不為也不會被消費者知道。

　　但是，反過來從創新價值的角度來看，實質上，我們已經具備了相當的條件；如果我們長期不斷地再努力，應該會得到一個很好的結果。

　　十年前我提出了「科技島」的觀念，就是從創造價值形象的角度出發：也就是說，如果在台灣內部可以把「科技島」的觀念，變成共同努力的一個共識、目標、方向的話，我們就能夠塑造出創新價

值的國際形象。

　　後來，資訊界的同業大家都開始談，不管是叫做「科技島」或者「矽島」等等，無非都在表達一個訊息：就是台灣已經不一樣了，不要以為我們還是一個勞力密集，只靠加工的一個地方。

除了目前的智慧手機、遊戲機、家電、電腦之外
數位傳輸的科技還可以創新出甚麼生活必需商品呢？

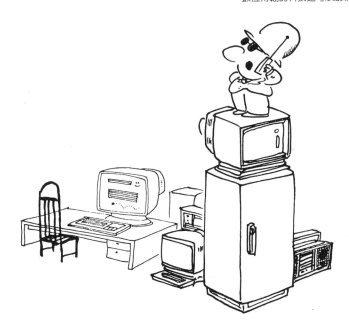

競爭力公式

- 經濟發展的目標，就是要改善人民的生活品質，
  因此，勞工成本增高，社會環保成本增高是自然的事。
- 競爭力，不能只著重降低成本，而不注意創造的價值。

我可以用『競爭力 ＝ ｆ（價值／成本）』這個簡單的公式，來表達競爭力的真正意涵。

表　5-1施振榮的競爭力公式

競爭力 ＝ ｆ（價值／成本）

- 價值：服務、創新、品質、形象
- 成本：勞力、原料、自然資源
- 整體考量：思考包括無形的、間接的、未來的東西

十一年前（1989年）我在總統府演講的時候，就是以這個公式做爲一個主軸，來剖析台灣未來要怎麼樣做才能提昇競爭力；我們如果透過這個競爭力公式來分析的話，當然就可以很簡單地得到答案：所謂的「提昇競爭力」就是它所創造的價值愈高愈好，而它所需要的成本是愈低愈好。

　　重點是，當我們在談成本的時候，往往只注意到人工成本、材料成本，甚至於水電、木材、土地等等自然資源的成本；實質上，到今天還是有相當多的人，在經營企業時，好像只看到這些有形的成本。

　　實際上，從消費者的角度來看，他所關心的常常是商品所提供的功能性等等的東西，也就是商品所創造的價值。

　　從表面上看來，我們只是透過商品本身直接對消費者傳達了一些對他有用的功能，但實質上呢，這個商品裏面含有很多服務的東西，很多創新所創造出來的形象、品質等等要素，這裏面所牽涉到的

潛在價值是更多、更值得我們注意的。

　　一般人在評估這個公式的時候，可能比較會疏忽「價值」的因素，而只會看到現在的，看到看得見的、直接的「成本」因素；如果我們把視野稍微放大一點，也把其他未來的、無形的、間接的因素思考在裏面的話，我覺得這樣一個非常簡單的「競爭力公式」，讓我們對於很多事物或公司的決策，都可以提供很好的參考及檢討的空間。

10倍速衝刺

競爭是刺激創意的驅力......

後來我在給總統的萬言書中也曾經提到：台灣不生產石油，如果我們的石化業一定要跟中東產油國家競爭，從傳統只重視成本因素的角度來看，由於我們先天的成本已經比別人高了，所以結論會是，我們沒有辦法跟她競爭，除非我們一定要去佔領一個產油的國家！這個當然是不通的。當你分析了這個結果以後，你反而要追求的是價值／成本比。

　　從這個角度來思考，我一直很反對老一輩的企業家不斷地在強調台灣不好了，台灣不像過去，勞工成本不但變高，而且勞工自主意識提高，也不太聽話等等；這些道理都是不通的，不通的理由就是說，今天勞工的成本會提高，社會環保的成本會提高，無非都是我們在追求經營目標時必然產生的結果；國家經濟發展主要的目標，就是要改善人民的生活品質，相對地，當然會使某一些成本提高，例如，都市蓬勃發展後，地就不夠用了，地的成本就會提高，這是市場經濟自然一個結果。

如果我們從全球的角度來看，過去十年，美國之所以領先日本很多，主要的原因，還是美國人在創造價值的角色裏面有充份的發揮，而日本人則僅透過自動化、量產、市場佔有率等策略來降低成本；這種僅靠降低成本所產生的競爭力，實質上是無法永續的。

台灣競爭力的特質

在過去，亞洲四小龍（包含台灣在內）的經濟奇蹟，大多是透過努力、勤勞、便宜的勞力所創造出來的；現在，我們由於本地人工缺乏、台幣升值，所以，這種透過較低生產成本所營造出來的競爭優勢，已不復存在。

創新
就是不重複過去的自己。

但是，台灣的企業有一個特色：就是速度快、很有彈性。在「寧為雞首」的傳統價值下，中小企業多，自己當老闆，所以決策速度很快；加上勞工的教育程度普遍提高，及擁有許多高學歷且比較便宜的腦力，就構成我們很重要的成本競爭力。

　　實際上，在世界性的跨國企業裏面，我這個CEO（執行長）的薪水可能是全世界最低的，但是，我自認為我所做的事情還是世界級的。所以，宏碁集團的整體競爭力，當然就比別人高很多了：不要付我那麼高的代價，就可以這麼拼命地做事情，這個也是今天台灣企業競爭力的關鍵。

　　在未來，產業分工整合的需求，也是比較符合台灣這種速度快、很有彈性的競爭力特質。商場上，時間（速度）就是金錢，而掌握機會，很有彈性，本身也是一個成本，所以，它們都是降低成本很重要的因素。另外，還有最重要的一個天然資源，就是高品質的腦力，也是很重要的一個成本因素。

創新
是以更高的視野,
更大時空的考量為長期目標
擬定新藍圖。

在現在這麼多的產品裏面，每天都有各種不同的競爭者，要建立國際性的品牌，長期當然非靠品質不可；但是，消費者最先接觸到的是什麼？是創新！創新是消費者的第一印象，他覺得這個新東西剛好符合他的需要，他喜歡它就買了。接下來才是服務和品質。所以，整個看來，有時候跟產品的製造本質，不是很有關係的。

相對於價值的創造，形象的部分我們就著墨太少了，有關於品質的部分，現在是大家都還在加強的，而創新形象，則比較欠缺；所以，我想我們應該積極地創新！過去是因為努力不夠，經驗不佳，信心也不足，從這個角度來看：台灣企業競爭力的潛能應該是無限的。

過去，我們的競爭力大都是來自於降低成本，甚至到今天，個人電腦、半導體等產業的國際競爭力，還是靠降低成本；當然，他們所借重的因素已經是不一樣了。但是，我們所擁有降低成本的本

領，就可以避免像美國企業當年在創造價值的同時，也提高了成本，競爭力就被了打折扣；如果我們有機會，把成本這個我們的看家本領，保持住了，然後再花很多的精力，去創造新的價值的話，台灣企業的競爭力是絕對無可限量的。

梵谷創新的色彩、線條與筆觸，帶領
19世紀印象攀登藝術高峰，
也使自己成為
超越時間的世界梵谷。

創新的六種形式

- 經營模式
- 科技
- 產品
- 行銷
- 服務
- 供應鏈

　　所謂「創新」，並不僅限於新科技的創新；從現實面來說，如果我們純從科技的角度要跟人家競爭，基本上是要付出很大的代價的。先天上，我們的基礎科學已經比不過人家，再加上客觀的市場環境也不成熟；也就是說，我們要開發尖端的技術，不但要承擔很高的科技開發風險，也要承擔龐大的資金風險。

　　美國因為有客觀的市場條件，她承擔這個風險是值得的；我們除了科技能力不足之外，我們也還沒有成熟的客觀環境，可以來承擔這個風險：因為就算我們開發出全世界最先端的技術，不管是從商品化、市場化等過程，它所產生的價值也沒有辦法

可以像美國那麼快就實現。

　　所以，我們如果以這樣的角度來考慮，那麼，尖端科技的創新，雖然是我們所追求的，但卻不是當務之急。我們現在最關鍵的是透過一些已經可行的科技，來

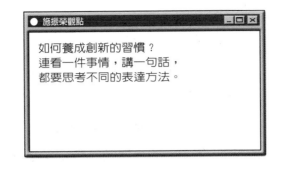

做很多對消費者、對市場有價值的創新，如果這件事情能夠做好的話，不但我們實際上降低了成本，對人類的貢獻會更大。

　　理由是美國人走在前端，當她要把這個科技應用到全人類的時候，由於她的成本太高了，所以她就放棄了；如果我們能夠承接下來，好好地在這個科技的應用裏面，做更多的創新的話，該科技的發明雖然是在美國，但是運用該科技來提昇人類生活品質，真正讓全球、全人類都能夠享受的基地，可能就在台灣。所以，台灣為什麼不在「科技應用的創新」這個地方做定位呢！

總之，我要強調的是：雖然在尖端科技上我們居於落後，但我們可以加強開發一些比較高感性的中等科技，這應該是中位國家的策略。

第一、先進的美國不怕你，所以不打你。

第二、落後地區因為美國的東西太貴而買不起的時候，就可以買我們的東西；所以，他們是我們的客戶、觀眾，會歡迎我們。

因此，我們需要面對的競爭者，只是和我們相同的一些中位國家。但是在中位國家裡，我們和新加坡、香港不同，和韓國也不同，比較容易突顯出自己的特色。

我會這麼認為的另一個理由，當然也和我的使命感有關。

創新實際上是處處都有機會的，不管從生意模式、科技、產品、行銷、服務、或者整個供應鏈等不同角度的考量，關鍵在於到底是不是新的，我們有沒有常逼著自己說：『不要 me too』。

早期在宏碁，工業設計出來的東西如有似曾相識的樣子，我們就不要，把它丟開；甚至於命名想

要跟人家雷同的，都是不屬於
我們要做的東西。我們一定要
逼著自己不要一窩蜂跟著別人
跑，才有機會創新，這樣的決
心是絕對必要的。

卓別林創新的電影語言
使無聲電影的戲劇張力
遠超過杜比音響的身歷聲電影。

如何透過經營模式創造價值

- 增加市場佔有率以換取未來利潤
- 創造全新的事業
- 創造新的成長空間
  - 找出新顧客群
  - 提供新商品（速度更快／成本更低／彈性更高）
  - 新市場
- 讓企業更有活力

經營模式的創新很多，譬如是透過送東西，先求增加市場的佔有率，然後再慢慢地創造未來的利潤，包含照相機、刮鬍刀都是用這種型式。

有時候，會因為出現新的經營模式，而開創出一個新的事業。美國戴爾電腦（Dell）和台積電就是兩個非常成功的個案，這兩家公司都是透過創造出新的顧客價值，重新創造一個新的經營模式：Dell 採直銷的經營模式，用較低的價格，直接提供最終消費者所需規格的個人電腦；台積電則為IC 設計公司提供專業的晶圓代工服務，使客戶的產品因

而具備速度快、成本及風險低的競爭優勢。實質上，這種主動、率先創出來的經營模式，它當然會佔到一些優勢。

另外還有一種是被逼著，不得不改變既有的經營模式，因為，原來的生意如果一直用原來的方法，幾乎是死路一條；不僅僅是現在，未來這種例子會愈來會愈多。不要說才剛進去三、五年的一個產業，可能在五年、十年之間，原來那個很蓬勃發展、有利可圖的生意，用原來的方法都不可行了；這個時候，為了生存，也不得不改成新的經營模式，否則就沒有辦法解決經營上所面臨的困境。

我覺得 Dell 透過了創新的經營模式，徹底地顛覆了傳統個人電腦的銷售模式，使今天在美國的個人電腦零售通路，變成了完全虧本的生意。早在四、五年（1996年左右）前，我就一直在思考，宏碁怎麼可能在美國一直賠下去，我一直在想，能不能改變這個經營模式？我做了很多努力，也曾經透過麥肯錫顧問公司（McKinsey & Company），要他

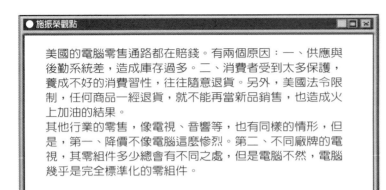

去找英代爾公司（Intel）一起組成一個聯盟，來說服美國那些通路商，希望改變整個通路的觀念，因為原來通路的那種經營模式是無法賣個人電腦的。也就是說，我準備要把舊有的經營模式全翻過來。不過茲事體大，而且人微言輕，所以帶不動；然而勢不可違，最後我們就決定簡化經營模式，退出零售市場，而專攻中小企業和大型企業，反正在美國不做零售通路也不會致命。

由於我們的科技創新是在中等技術上進行的，所以這種創新有些部份需要經由經營管理上的創新

來配合達成。在經營管理的創新上，生產技術的創新，是全球性的；行銷管理的創新，則是區域性的。所以，我們在經營管理上創新，如果是生產管理的部份，因為是全球性的，所以市場很大；如果是行銷管理的部份，則會很辛苦。

是舊有的習慣
禁錮了我們的行動能力。

拋開過去的觀念，
才有可能創新。

如何透過科技創新

- 更多的應用 - 經濟規模
- 標準平台 - 影響力
- 表現成本 - 競爭力
- 形象 - 品牌知名度
- 透過新產品不斷推出，增加產品功能

實際上，我覺得台灣要再繼續發展，透過科技的創新來創造價值是一個很重要的關鍵。因為經營模式比較本土，台灣內部的市場規模很小，我們就算可以在本地開創出一個成功創造價值的經營模式，可能到了像美國那樣大的市場，那個經營模式也不一定可行。因為有可能你現在在小市場領先，當要移植到大市場時，當地大規模的公司霸王硬上弓，你也一點辦法都沒有。

但是，在科技這方面，因為是不分國界的，如果你能夠做好的話，會產生無限的機會。例如，宏碁在 1986 年比 IBM 更早推出 32 位元的個人電腦，當時就產生了科技創新的形象！那時候，我到位於

菲律賓的亞洲管理學院，他們就印象深刻，說宏碁替亞洲人爭了一口氣。他們是從這個角度來定義：美國人在主導個人電腦的研發，但是台灣還可以比 IBM 更早做出 32 位元的個人電腦，這個就是整個形象的塑造。實質上，我們也因此接了很多訂單，同時也有很高的利潤。

透過科技的創新，可能會因為推出更多的應用，使經濟規模不斷地擴大，而創造出價值；也可能是變成一個產業的標準，因擁有影響力而帶來價值；或者是因為「功能／成本」比高，而不斷地提昇競爭力、建立品牌知名度；甚至能夠不斷地推出新產品，或透過增加產品功能的方式，增加產品的市場壽命，進而謀取更高的價值。在 PC 業界，當然 Wintel （微軟及英代爾）是其中的翹楚：他們善用 IBM PC 相容電腦的機會，除了不斷地在科技上創新外，還加了所謂創新的行銷，進而開創出現在霸主的地位，當然，其中所創造出來的價值是遠遠超過傳統產業的想像。

如何透過產品創新

- 為顧客『量身訂造』的產品
- 符合生活形態的產品
- 會思考的產品

不管是為了滿足客戶的特別需求，或者配合他們的生活形態，或者產品本身更有智慧等等，這些都是產品的創新。

以牛仔褲來說，牛仔褲可以量身訂做：當你下了訂單，也量好尺寸以後，牛仔褲會在一個禮拜內寄給你；之後呢，反正你個人相關的資料庫在他那邊，他很容易且隨時都可以提供最合身的新式樣牛仔褲給你。實際上我覺得這個已經不光只是產品了，這是一種服務。

我記得我有一個朋友從澳洲回來，談起他買鞋子的經驗，他在一家鞋店量一次腳的尺寸以後，所

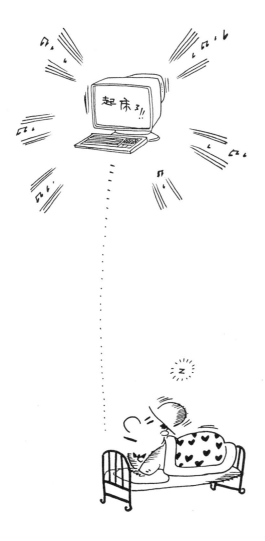

有與鞋子有關的資料，都已經進入電腦了。實際上，一般人都記不清楚自己究竟是穿幾號的鞋子，所以如果你得到這樣一個方便的服務，大概你一輩子都會是那一家鞋店的客戶了。

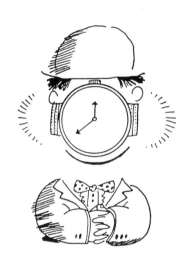

至於與生活形態有關的產品就很多了，像蘋果電腦（Apple）的 iMac 電腦以透明及炫麗多彩的外殼，突破個人電腦制式呆版的形象，就是其中之一。而 Swatch 手錶是最成功的典範了！我想這個故事大家都知道：當瑞士的傳統鐘錶業被日本的石

英錶打到無路可逃時，就創出這個跟生活形態結合的 Swatch 手錶；實際上，這時候手錶已經不再只是單純扮演計時的角色，而是融入了生活之中，所以一個人有時會買了一大堆的手錶。還有現在最熱門的大哥大手機，逼得大家都買了，這些都是跟生活形態有關係的產品創新。

至於說產品能夠思考、有一些人工智慧的創新，比如說 Sony 的電子狗，電子的洋娃娃，可以對外界環境的改變，做出基本的反應。Otis（奧的斯）電梯就比較複雜一點了，它的電梯裏面放了很多感應器，這些感應器隨時偵測到有什麼狀況的話，就透過電梯裡的電腦，將故障訊號直接傳到總部，總部就會直接派人來修了；實質上，總部也可以定期地透過電腦，直接連到電梯裏面的電腦去了解，現在電梯裡所有零件的狀況，這樣人員就不用到電梯那邊，也可以做定期的維護。類似這樣的產品創新，實質上都還有很多的思考空間。

如何透過行銷創新

● 『取得客戶同意』的行銷方法，更能訴求目標客戶的需求
● 降低行銷成本
● 增加顧客忠誠度

　　當 Intel Inside 的行銷計劃，大張旗鼓在美國 COMDEX 電腦展出擊，Intel找我去的時候，我還沒有辦法感受到它的威力。當時我就質疑 Intel 為什麼要花錢直接跟消費者溝通？實質上，消費者是經過我們公司生產的電腦才間接取得 CPU（中央微處理器；是個人電腦不可或缺的大腦級零件）的；所以，是我們在決定是跟 AMD（美商超微；CPU的主要供應商之一）還是 Intel買 CPU，而不是消費者，那 Intel 做這個 Intel Inside 的廣告有什麼用呢？

　　後來，Intel 採用補貼一半廣告預算的行銷策略，逼著個人電腦供應商一起跟他做 Intel Inside的廣告；所以，當我們要做自己產品的電視廣告時，Intel 要求在廣告中一定要有「咚咚咚咚」 Intel Inside 的聲

音。結果變成每一家採用 Intel CPU 的個人電腦公司所做的產品廣告，都有「咚咚咚咚」的聲音，實在是吃不消，好像都是 Intel 的廣告，這真是被借用得太厲害了。

此外，在所有的平面廣告中，Intel 規定Intel Inside 的標誌不能比你產品的標誌小，而且要放在顯著的位置；這些要求很明顯地集中他所有合作的客戶的廣告，同時也替他對最終消費者做廣告訴求。實際上，這是學音響中 Dolby（杜比系統）的手法，只是在音響系統裡，Dolby 只是一個規格，一個技術，不像 Intel Inside 這麼厲害，Intel 就是透過這種行銷的創新，不但可集中更多的目標客戶，相對降低行銷成本，更可增加顧客的忠誠度，進而創造最大的利益。

我覺得我們實在是非常欠缺具國際行銷能力的行銷人才，到今天我都還沒有辦法解決這個問題。我記得在1987年，當宏碁的英文名稱決定從 Multitech 改成 Acer 時，我們找奧美廣告公司；那時候人小志不小（當時的年營業額大約為四億美元左右，2000年的年營業額則預估為一百億美元左右），所以我就跟奧

美說，希望利用我們有限的預算，來替台灣訓練能夠從台灣看世界的行銷人才，那時候所謂的行銷人才還很窄唶，就是廣告的創意人才而已，但是那個計畫最後並沒有成功。

很多國際性的廣告公司雖然在台灣也有分公司或子公司，派了國外人才進來，但一來人數太少，二來他們來的目的主要是為了打台灣市場。如果像我們這樣是以台灣為立足，想打出去的話，交給他們的工作，很多他們也要再交到國外去。像是商標設計這種工作，還算簡單，因為溝通一次就好。但是日常的行銷工作則不然，需要非常頻繁而密切的溝通，這就有隔閡與不便的問題。

後來我還跟 Young & Rubicam（日本跟美國合資的世界最大的一家廣告公司）合資，在台灣成立一個合資公司，也希望把我們有限的經費，能夠在台灣培養國際行銷人才，後來也是沒有成功。不過，我還不會完全放棄，只要有機會，我們就是利用我們非常有限的資源，也要真正培養出具國際行銷能力的人才及經驗。

神創造宇宙時，所訂下來的生態法則
即是優勝劣敗，物競天擇。
一成不變，沒有創新者，
必遭淘汰。

如何透過服務創新

- 隨時、隨地、更便宜、更有彈性
- 顧客安心
- 能不斷學習及了解顧客的取向、習性

透過服務的創新來創造新的價值,是新經濟的核心動力之一。像目前最熱門的網際網路都是在談隨時、隨地、個人化等等服務,反正就是透過科技的創新帶動服務的創新,使服務的範圍更有彈性,服務的成本更便宜,而且服務的品質也更貼近每一個顧客的個別需求。

實際上,銀行的發展也是透過服務的創新來創造價值的典型例子:銀行也是從早期櫃檯的人工處理,到在分行裏面提供自助式的提款機,再到 ATM 提供自動化的跨行提款、轉帳服務,現在透過電話也可以直接請銀行提供理財服務,到最後都是要走到透過網際網路也要能夠提供全方位的理財服務。

這些服務的創新，不但增加顧客極大的方便性，為
銀行帶來更忠誠的顧客，也為銀行創造更多的金融
商品，進而創造更多的潛在價值。

　　讓客戶安心最有名的例子就是 Fedex（美國聯
邦快遞公司），Fedex 透過每一件快遞物品上的條碼
和全球一致的作業準則，讓顧客隨時可以查詢自己
所快遞的郵件現在究竟送到哪裏，對物品在運送過
程中的時效性及安全性方面，都可讓顧客能夠比較
心安。

　　尤其現在透過網際網路的 Data Mining（資料
擷取）技術，或是會員制的行銷方式，都可以讓我
們能夠更加了解客戶的個人特質及消費習性，不僅

可以掌握會員的喜好，更可適時地提供更貼切的
服務。美國著名的 amazon.com（亞馬遜網路書店）
就是透過這種服務的創新，讓在網上購書的顧
客，能夠得到相關書籍的即時推薦；透過這種結
合主動行銷及個性化服務的手法，不僅增加顧客
的忠誠度及回電率，為該公司創造最大的商業利
益。

創新
是一種大腦CPU的方式。
舊的思維方法怎能帶領
大家朝向e世代？

我們成為怎樣的人，
全因為我們的心怎麼想，
我們成就了甚麼，是否出類拔萃，
全因為我們心裡所想的是否
比別人創新。

如何透過供應鏈創新

- 降低生產線上的閒置資源
- 週期較短
- 快速回應市場的不確定性
- 提供新鮮產品

　　如何透過供應鏈的創新來創造新的價值，是我覺得應該特別強調的；例如，在美國本土最有名的零售業者 Wal-mart 就是很好的範例。Wal-mart 在美國的零售業是非常非常成功的，不論是從 logistic（運籌）的角度，或是從 IT（資訊技術）的角度來看，他都算是創造出成功的模式：他是美國據點分佈最廣的零售商，連在鄉村地區都有很好的商場，最後變成現在的零售大王。

　　所以，我曾想：如果把超級市場跟零售店的經營訣竅整合在一起，是不是可以創造出新的

創新
是另一個角度
思考未來。

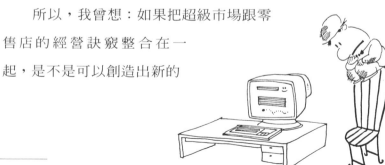

經營模式？

　　但是，我們跟他合作了好幾次，到最後都沒有很成功；主要的原因就是：他的供應鏈管理系統，雖然對一般的

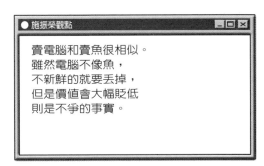

雜貨、衣服等商品的角度是最好的，但是對個人電腦等相關產品並不是很理想。換句話說，他的供應鏈管理系統所思考的，並不是在賣新鮮的魚！我們都知道，賣魚就是要賣新鮮。魚一不新鮮了，就要丟掉！賣電腦和賣魚很相似。雖然電腦不像魚，不新鮮的就要丟掉，但是價值會大幅貶低則是不爭的事實。而賣成衣的供應後勤系統，和賣魚、賣電腦的是截然不同的。

　　在這種情況下，透過零售店的銷售管道來賣電腦，不但利潤低、服務繁多，而且庫存增加、降價風險又高，當然不是一個好的生意。

　　Dell 直接銷售的模式，打破個人電腦需要透過層層的經銷體系，才能送到消費者手上的傳統供應

鏈模式，改由客戶直接選購及直接送府的新的供應鏈模式，爲買賣雙方建立更經濟、有效的交易行爲。另一個潛在的好處是：整個應收帳款平均可能不到十天，大概只有八天的樣子；在美國，反正你在網際網路上訂了商品，你的信用卡的錢就被廠商收走了，而商品可能一個禮拜後才寄到你手上，所以有時候會產生應收帳款是負數的這樣經營模式。

這是一種經營模式的創新，但這種經營模式的影響，整個是透過供應鏈的創新。供應鏈要做到什麼程度？我想他將來最終的供貨來源一定是在大陸而不是在台灣！但由於台灣的廠商控制整個亞洲個人電腦的運籌，所以，雖然大陸所生產的個人電腦直接就寄送到美國一個鄉下的客戶的門口，但在整個供應鏈中，不只台灣有參與，Dell有參與，還會有很多人都參與其中。

實質上，從供應鏈管理的角度來看，我們當然也在考慮，未來在網際網路時代裏面，到底網際網路要扮演什麼腳色？網際網路本身是一個 IT（資訊技術）平台的基礎架構，也是一個負責交易、資

訊、服務提供的媒體；雖然有很多的服務透過網站就可以直接完成，但是到最後，如果還是有一個有形的產品要做流通的話，到底要怎麼樣做？很明顯地必須跟實體世界整合！也就是說，我們做生意的每一個人的角色，絕對會因為經營模式、供應鏈管理等等這些創新而受到影響。結論是：每一個人的角色可能都要重新調整。

創新
才能真正看清事物的本質。

總結

- 以『競爭力公式』評估企業各種投資及經營方法
- 產業典範轉移會改變顧客價值
- 不要錯過任何顧客價值創新的機會
- 創新比預期的還要容易
- 『創新價值』是台灣的核心競爭力

　　經營企業最重要的就是要永續、不斷地提昇競爭力！而在競爭力的公式裏面，我們最強調、也是最大的要素就是創新價值，宏碁的 Aspire (渴望電腦)就是很好的範例。

　　1996年，我們同時在美國及亞洲推出 Aspire 電腦，因為它創新，有很好的形象，在當時確實是為宏碁創造很好的價值，但最終的結果卻不太一樣，尤其是台灣。我就以台灣跟美國，做同樣一件事情的差異性來比較：相對於台灣，Aspire 電腦在美國

畫家最重要的畫畫
器官不是手,而是
大腦……
大師與一般畫匠的
差別是畫畫之前是否
先做創新思考。

創新才能帶領我們
遠離困境朝向未來。

的服務及品質的控制都比較差，所以它在美國雖然也有創造價值，但是所創造的價值比較低。這就是以同樣一個公式，同樣一件事情來看，所創造的價值還是會不一樣。

接下來，我們就來檢討一下成本：如果單從Aspire電腦本身的材料成本來講，美國和台灣的成本基本上是一樣的；不過如果跟同樣性能的其他個人電腦相比，Aspire 電腦因為主機、顯示器的外殼及光碟機面板的顏色有多種組合，所以使得材料的庫存成本增加，也造成組裝彈性的降低，間接地增加了許多的無形成本。因此，在美國雖然創造了價值，卻同時又提高成本，所以競爭力並沒有顯著地提高。

但是在亞洲呢？前面提到在台灣，價值是確實創造了，對於成本的控制也相對的低了。因為要管理那些顏色、材料，會產生一些成本，美國人要這個，要那個，一下又不要這個，不要那個，相對

創新是以另一種眼界
看清事物的另一層本質。

而言，台灣的同仁就比較認命，我們配合度很高，所以成本也比較低，結果當然完全不一樣：Aspire 電腦在亞洲（包含大陸），競爭力提高很多，但是在美國並沒有提高什麼競爭力。我們從這個實際的例子裡，就可以體會「競爭力公式」所要傳達的觀念。

由於一般人常會喜新厭舊，這表示顧客的價值觀是不斷地轉移的；也就是說，每一個人對一個東西的價值判斷，會隨著時間而改變。所以，我們必須隨時且充份地了解客戶的整個想法！像我們公司現在特別強調「we hear you」，我們就是要聽消費者的聲音，希望能夠了解他們的需求。這種真正「客戶導向」、「以客為尊」的工作模式，將來會變成企業發展很關鍵的一種能力。

當然，在創新裏面要注意不要放棄任何的機會，因為實際上，以我自己的經驗（我也相信這個絕對是對的），創新有時候比你想像要簡單很多，只是你願不願意去創新而已。當然，創新應該不是

異想天開，必須先具備很多基本知識，因為一創新，馬上就要做競爭力公式的比較；這個創新產生了多少成本？馬上要在腦筋裏很快地評估出來。

創新才能帶領我們脫離
因時空變化而引起的困境。

不過，以我的經驗來講，不論是從領導者的角度或從企業發展的角度，實質上，創新應該是我們很多很多活動裏面，投資報酬率最高的。其實，我們每天都在投資，我們每天在工作中所消耗的時間，就是投資了；既然一定要投資，就要撥足夠的時間做研究發展，並達到創新的目的。最後，當大家都慢慢地養成習慣後，創新就自然會產生了。當

然，所有的創新一定要面對消費者的需求，創造客戶的價值。

　我們最後的目標，希望不僅是少數業界的人知道台灣在創新價值，而是全世界大多數的消費者都認同台灣的創新價值，就像日本消費性電子產品的品質、美國高科技的創新等形象，被世界大多數人所認同一樣。我們希望：消費者能夠享受到物超所值、很實用的、而且又很創新的一些產品或服務，是來自於台灣的看家本領。

由一個人的日常生活思維起，
創新出科技時代e-life的生活可能性。

孫子兵法

謀攻篇

孫子曰：

凡用兵之法：全國為上，破國次之。全軍為上，破軍次之。全旅為上，破旅次之。全卒為上，破卒次之。全伍為上，破伍次之。是故，百戰百勝，非善之善者也；不戰而勝，善之善者也。

故上兵伐謀，其次伐交，其次伐兵，其下攻城。攻城之法：修櫓、轒轀，其器械，三月而止也；距、闉，又三月然後已。將不勝心之忿，而蟻附之；殺士卒三分之一，而城不拔者，此攻之災也。故善用兵者，屈人之兵而非戰也，拔人之城而非攻也，破人之國而非久也，必以全爭於天下。故兵不鈍而利可全，此謀攻之法也。

用兵之法：十則圍之，五則攻之，倍則分之，敵則能戰之，少則能守之，不若則能避之。故小敵之堅，大敵之擒也。

夫將者，國之輔也。輔周則國強，輔隙則國弱。故君之所以患軍者三：不知軍之不可以進，而謂之進；不知軍之不可以退，而謂之退，是謂縻軍。不知軍中之事，而同軍中之政，則軍士惑矣。不知三軍之任，而同三軍之權，則軍士疑矣。軍士既惑既疑，則諸侯之難至矣！是謂亂軍引勝。

故知勝有五：知可以戰與不可以戰，勝。知衆寡之用，勝。上下同欲，勝。以虞待不虞，勝。將能而君不御，勝。此五者，勝之道也。故兵知彼知己，百戰不殆；不知彼而知己，一勝一負；不知彼不知己，每戰必殆。

＊本書孫子兵法採用朔雪寒校勘版本

謀攻篇

全國爲上，破國次之。全軍爲上，破軍次之。全旅爲上，破旅次之。全卒爲上，破卒次之。全伍爲上，破伍次之。百戰百勝，非善之善者也；不戰而勝，善之善者也。

孫子兵法強調百戰百勝算不了什麼，不戰而勝才是最高明的軍旅。

企業領導者可以把這種思想活用：

建立品牌，企業文化，就是不戰而屈人之兵。

故上兵伐謀，其次伐交，其次伐兵，其下攻城。

孫子認為最上策是和對方較量策略，再來是比聯盟的力量，其次才是實際用兵，要到血流成河的攻城，則是下下策。

企業之間要較量，不外乎較量產品、市場、合作夥伴、行銷定位。而較量的重點，應該在於看誰運作得更有效就好了；如果要到火拚的地步，則一定是兩敗俱傷的局面。因此，非不得已，不開戰；開戰，像是在搶地，但我們應該盡量佔地、墾地，而不是搶地。

商場和戰場終究有一點是大不相同的：戰場上，地是有限的；商場上，地是無限的。一般人看了別人賺錢就眼紅，那是因為他認為商場上的也是有限的，所以要搶。但我們不是。

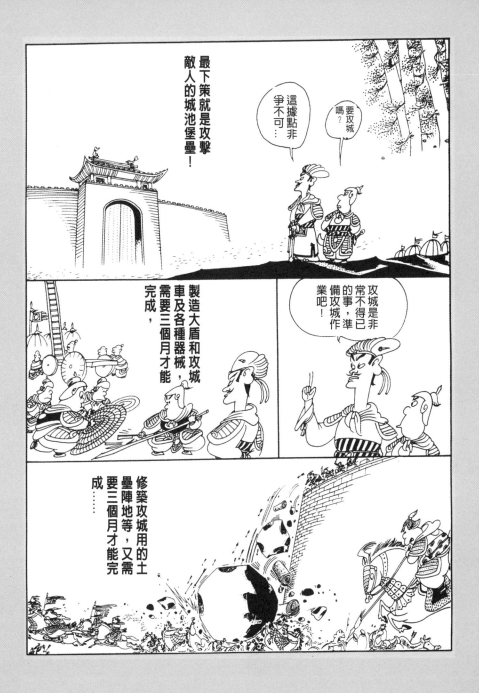

用兵之法：十則圍之，五則攻之，倍則分之，敵則能戰之，少則能守之，不若則能避之。故小敵之堅，大敵之擒也。

孫子兵法要將領分析敵我實力，認為我方實力是對方的十倍，就應該把對方圍起來；五倍就攻打；一倍要先分散對方軍力；雙方平分秋色的時候，對方來打就應戰；力量小於對方的時候要守；實在差對方太多就跑。針對各種情況，說明了應對之道。

全球化時代，企業隨時面對各種不同的對手，要謹記住雞蛋絕對不要碰石頭。

別人經營得很成功的企業或產品，不要正面去競爭；有些企業或產品已經走下坡路，才去找空隙。

不論在策略、產品、品牌形象、市場上，都要充分地了解競爭者的情況，然後在競爭者不會給你太大壓力的方向佔一塊地。地不在大，而在利基；有利基，就有

活眼。然後，自然就會隨著這個活眼成長，擴大。

在超分工整合的時代，尤其可以不打這裡，打那裡，迂迴作戰。

市場像一個他，第三者；交戰的雙方，則是你我。

那個他，不是一個標準化的他；不同時空，有個不同的他。所以針對不同時間、空間的他，如何吸引住他是要點。

如果這個他只愛價格低、折扣低，而和你競爭的對手又非常擅長於提供低價格、低折扣，那就不要打。

不和對手硬碰硬，是上上策。

故君之所以患軍者三：不知軍之不可以進，而謂之進；不知軍之不可以退，而謂之退，是謂縻軍。不知軍中之事，而同軍中之政，則軍士惑矣。不知三軍之任，而同三軍之權，則軍士疑矣。軍士既惑既疑，則諸侯之難至矣！是謂亂軍引勝。

　　孫子講了三種國君不懂軍事又要干預軍事的大患。今天企業裡董事長和總經理的關係，情況則不太一樣：軍隊在組織上還是金字塔，軍令由上而下；而現在的企業則應該是全面，以目標取向。企業在今天無所不戰，無時不戰，每個階層都在進行大大小小的戰鬥，所以必須分工。要靠事事請示，一定來不及。

　　董事長和總經理的權責分工，應看事情大小。台灣的情況較複雜，因為經營者可能是董事長，也可能是總經理，但公司法卻規定董事長才是負責人，這就易生混淆。美國之所以設計了CEO的制度，就是來定義並釐清誰才是實際的經營者。CEO一般譯之為執行長，意思就是真正負責經營的人。因此，美國企業裡有可能是Chairman兼CEO，也有可能是President兼CEO。前者是董事長擔任實際的經營，相當於董事長制；後者是總經理來擔任實際的經營，相當於總經理制。台灣企業則不論公司裡有沒有CEO的設定，法律上只認董事長才是負責人。

將帥覺得太慢，不能克制其焦燥忿怒，下令攻擊，士兵像螞蟻一樣，爬到城牆上攻牆，死傷達三分之一⋯

而城池仍攻不下來，那真是攻擊作戰中，最悲慘的災禍。

故知勝有五：知可以戰與不可以戰，勝。知眾寡之用，勝。上下同欲，勝。以虞待不虞，勝。將能而君不御，勝。

將能君不御。大將有能力，而君王又能放手信任。

現在經營企業的任務，非常複雜，分工又這麼細，沒有一個人能懂得所有的事情。除非是做房地產，買一塊地就好了，或是做工業時代的產品，否則幾乎是時時在戰，處處在戰。所以領導者一定要懂得授權出去。

每個層級有每個層級的領導者。各個層級的領導者，對下要設定策略和目標，對上則要擔下責任，全力以赴。

故兵知彼知己，百戰不殆；不知彼而知己，一勝一負；不知彼不知己，每戰必殆。

企業經常犯下不知彼不知己卻作戰的毛病。

現在作戰太多，無時無刻不戰。一定要時時備戰，多累積經驗，平時就收集各種資訊，看看別人的成功與失敗，當作自己的借鏡。

知己知彼是一体兩面：沒有國際觀，井底之蛙就會不知彼，也不知己。

另外有一種情況，原來的業務太成功，也可能在無形中自大起來，造成不知彼，不知己。

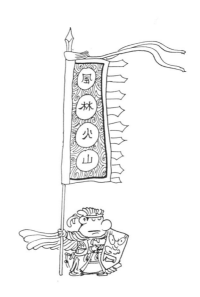

問題與討論

Q&A

有哪些指標可以讓我們能夠來區分一個企業否是具有是創新、核心競爭力、或顧客導向的企業？

我想這個應該都是用比較的。因為我們是處於一個自由經濟的體系，最主要的就是談競爭，所以它是以比較的：跟競爭者比較，跟產業的標竿企業比較，或者跟過去自己水準的比較。有時候甚至於自己也不一定一直在進步，可能會因為組織的問題，或者其他的問題，會越來越忽略了比較的重要性；因為成功的公司，可能他就慢慢地產生一些包袱，更忽略了一些經營上的關鍵因素。

至於說我們要用什麼樣的量化指標來做比較，實質上每一項要都量化，有時候也不見得是最科學的；因為有很多東西，例如顧客的滿意度，有時候看我們也無法量化。我記得標竿學院也請人來跟我們的幹部談，發現所有有關顧客滿意度的方面，都是感覺上的形容，都不是產品的品質問題；客戶的滿意度都是在那一剎那之間感覺到好不好，有很多都不是有形的問題。

所以，我覺得說我們最現實的指標，就是憑感覺都可以比較：你覺得跟同業、跟以前做比較。不光是自己一個人感覺一下，要同時有好幾個人，大家感覺一下：我們認為怎麼樣？一件一件事情提出來比一下。比如說，做核心競爭力的比較；很簡單，你說製造成本很低是你的核心競爭力，我們就拿來比比看：第一，你的製造成本是不是真的最低？第二，製造成本低有什麼用？如果製造成本低沒有用，那就沒有什麼競爭力，因為大家都低；而且製造成本低佔經營成敗的份量是那麼微小的時候，也變成沒有用。

所以，我們就從各個方面的角度來做為評估。比如說，在客戶服務方面，我們跟我們的競爭者也很容易做比較：如果我們的經銷商是經營多品牌的產品，我們可以直接問問他們；如果經銷商都是經營獨家品牌的產品，那你就問一些曾經買過好幾個品牌的消費者。我想這樣做比較實際，實質上很難做科學的，量化的計算。

Q2 **創新的價值是由消費者來判斷的，而不同地區的消費者會有不同的需求，企業應如何貼近消費者，了解他們的生活型態或生活品味？**

這也跟競爭力的公式有關。我們知道，為了要創造價值，我們最好了解客戶；但是，了解客戶是要花成本的，我們要用什麼方法來了解？你可以說，因為我很有經驗，想都可以想得到，那成本當然就是最低的；如果你真的因此而抓到了客戶的需求，你就創造了價值。也有可能你花了很多經費；卻不得要領；如果問卷的設計、目標客戶沒有弄對的話，你還是沒有辦法了解。

因為，做調查就像做廣告，你要能言簡意賅地傳達簡潔的訊息；如果中間有隔閡了，做調查專業的人（做廣告專業）跟做產品專業的人，中間如果沒有很好的溝通，裏面產生認知落差的時候，你所產生的成本也會很高。實際上，這個就是經驗。經驗就是每一個人的成長、組織的能力、學習的能力，組織能不能有這樣一個制度。

比如說，我們跟日本電腦公司做了很久的生意，突然三、五年之後，兩、三年之後，他發現：原來如此，我總算瞭解了，你們把品質根本還不成熟的東西就推出市場。對呀！這不只是我們哪，美國人跟我們合作也是這樣。如果依照日本人原本的模式，當品質弄到十全十美的時候，那個產品的價值也就不見了。所以，如果從成本回收的考量，為了要達到目的，你就算完全掌握了品質，但卻錯過了商機，那等於你所創造出來的價值又不見了，成本也提高了。所以，在高科技的產業裏面，就像電腦軟體一樣，好像都是一個版本

接著一個版本不斷地滾上去，這是很重要的一個基本概念。

從宏碁的角度來看，隨著企業規模的擴張，這些都慢慢地變成共識，我們了解應該怎麼樣做是比較有效的；或者隨著計劃的時程跟大小，會做不同的考量：對客戶有效的掌握、做必要的目標設定。比如說，我們就會問：「你做電腦到底是要賣給誰？」賣給 OEM？很簡單就代工生產；賣給學生？那完了，因為學生大都 DIY（自己動手組裝），大概不會買你的電腦；到歐美去賣給大企業？大企業就會問 Who is ACER? 你又不行了。但是，如果不問你的電腦賣給誰這個問題，好像什麼對象都可以賣；實質上，真正分析了以後，你就是要有一個目標客戶群。當這個目標客戶一確認之後，那你就方便了，只要去關心這些客戶到底在乎什麼就可以了。

宏碁主要有三種客戶：一個是最終消費者（Consumer），一個是企業用戶（Commercial），另一個是產業用戶（Industry）。我們就很簡單地定義他們要什麼：消費者關心產品是不是很容易使用，企業要用品質可靠的產品，而產業用戶要的則是彼此的夥伴關係（Partnership）。實際上，當然不會這麼單純，可能他們又要產品好，又要價格便宜，又要速度快等等，那又是另外一回事了。

但是，當我們確認目標以後，我們就針對不同客戶的需求，回歸到

設計、製造、銷售、售後服務等過程，將我們的核心競爭力（Core Competence），和目標客戶所需要的核心價值（Core Value）結合在一起，這樣大概是最好的一個做法。以我在交大上課為例，也是同樣的情形。因為，今天我們也可能到美國請一個顧問，他因為要賺顧問費，一定小題大做；像我本來講話都很簡單，不過為了要在學校當教授，要小題也要大做，才能夠讓我的時間可以湊完上課的鐘點。

當然，有時候你在瞭解這個 Know-how、知識的時候你也許要小題大做，但是真正在做事情的時候，哪有那麼多時間？所以，我們在每一次課程結束之後，都會給學員兩個題目，大家先去討論，討論完以後，每一個小組都有機會發表心得；當然我就規定說，心得不能超過三個或是五個要點，每一個都是這樣的話，就可以訓練大家看一件事情時，能夠以最快的速度來掌握它核心的東西。就像你十八般武藝都要會，但是，真正打仗的時候根本來不及套招，就是你腦筋裏面想到，最有效的趕快用出來的那一招，抓到重點就用出來；實質上，這是我們整個面對這麼複雜的產業環境，必定要具備的能力。

3 從宏碁經驗來看，你所認為的全球化到底是什麼？
從全球化及市場創新的角度來看渴望電腦，宏碁所
學到的經驗是什麼？

 我們把全球化分為兩種：第一個是一種趨勢，因為整個產業的競爭
也全球化，不管從資金、技術、產品、人都在全球流動，這個是一
個全球化的意念。

但是，反過來說，不管是一個人或者一個組織，當你面對全球化的
大趨勢時，你自己也要有全球化的運作。所謂運作就包含你對市場
的了解、對科技的了解等，不能閉門造車，你也要全球化。當然，
這個都是理念的東西。

接下來，當要落實到整個組織裏，就開始要有國際化的組織，國際
化要到每一個角落去。我從台灣到香港就叫國際化，不過從台灣到
香港還沒有像全球化這個定義這麼廣；所以，如果我把香港代表東
南亞，那我一隻腳過去這一塊算了；除了香港以外，歐洲我設一個
據點，美洲設一個據點，澳洲再設一個據點，慢慢地就有一個全球
化的雛型。但是，如果要真正深入更廣泛的全球化，就會發現香港
並不能代表東南亞，你就要再往更深的地方去經營了，那個網路就
會一直往外擴張。實際上，宏碁就是為了市場的需要，從地理位置
的觀點出發，這樣一點一滴地擴展全球的據點。

另外一種全球化就是從功能的角度來看：比如說，你本來只是在製造，進而需要有庫存、做批發商，然後要開始做行銷，又再在那裏做研究發展，甚至有財務管理等等，這些都是一個在市場上面全球化的公司所必須具備的功能。很多的日本公司雖然在地理上已經具備全球化的態勢，不過，他的研究發展或者財務管理還是日本化，並沒有全球化；他雖然了解到外面的環境，但是他的運作沒有做到全球化。

所謂市場的創新，也可以有比較廣義的解釋。比如說，因為環境的不同，美國的做法來到台灣就無法完全移植，而我採用美國的做法或者我跟美國雷同，但是因為市場的不同，所以我改變了一點點，剛好命中這個市場環境的需求，這樣算不算創新？！所以，我是儘量要證明說，創新真的是舉手之勞。不要說人家這樣做，我照這樣做；美國怎麼樣或者別人成功怎麼樣，我照這樣做，一定是不通的。

創新也是可以分等級的，我們現在要講求的是一級一級往上推，要越來越創新。不過，我也不贊成像美國革命式的創新；理由很簡單，由於我們本地的市場太小，創新的成本是那麼高，而創新的價值卻是有限的。所以，我們的追求是，相對於我們這個客觀環境，我們是比較創新的，但是在全球的客觀環境裏面，我們可能是中等的。

這個也就是為什麼我早期會提出「老二主義」的概念，因為我提出老二主義的時候，亞洲或整個台灣看到的都是老三、老四，所以我很積極的希望在國際舞台上變成老二。但是，有人就批評說為什麼不是老大？我們應該是老大！其實這是會隨著時間及本身的條件，慢慢的一點一點的調整。

Q4 過去二十年來，台灣的電子資訊業有很多世界第一名的產品，像電腦螢幕、掃描器等，但這些產品似乎都已走到盡頭，你對這些產品的發展有什麼建議？

我們的電腦螢幕在國際市場會成功，是因為我們在台灣多多少少有電視機的基礎；但是，台灣生產電視機、家電的公司，在國際上並沒有相對的成功。實際上，台灣家電產業的起步並不會比韓國差多少，但是因為我們的規模都不大；所以，後來雖然像大同、聲寶、東元等家電公司都進入了美國市場，但是最後都是失敗而回。不過，反過來，電視機產業卻就造就了我們做電腦螢幕產業的基礎。

所以，很明顯地，不要忽略我們今天很多世界第一名的產業，所建立下來的基本能力。這個基本能力不管是說從工業設計的角度、從電子的角度、從量產的角度、從後勤的角度，我們實際上已經具備了國際競爭力。現在最大的問題是，就算有那個基本能力，但是已經不值錢了，因為利潤是逐年的遞減；所以，本來可以養活五百個人的利潤，現在剩下只能養活四百個人了。不過，值得慶幸的是，好像做同樣的事情可能也不要用到四百個人，如果你用一點積極方法，早一點安排的話，說不定三百五十個人也可以做出同樣的東西。

從這個角度來看，我們那些有經驗的能力要做些什麼？以宏碁的經驗為例，多年前我們就提出 XC（專用電腦）的概念，實際上，XC之前又有 ASC（Application Specific Computer），我們連續一直做

下來。我當時就說：我們一定要借重我們已經建立的競爭力，然後來尋求新的機會；後來，又發現行不通了：XC 沒有 X-Service 也不通啊；因為你只有硬體，沒有後面的軟體服務配合的話，還是空談而已。所以，宏碁也積極地投入 X-Service 方面，希望能夠善用過去所建立下來的基礎。

十幾年前，我曾告訴同仁說，做研究發展，過程最重要。就算計劃失敗了，我「死」了，進棺材前，我都會伸出手來再撈一點進去；因為我已經做了這麼多的努力，如果白白浪費，我絕對死不瞑目，一定要左撈右撈。至少我們也算是替台灣訓練人才，不能說全沒有意義嘛。

所以，同樣的情形，宏碁在美國、世界上建立 ACER 這樣一個品牌，代價實在很高；尤其在美國，我們投資了兩億多美金，相當於幾十億台幣，就這樣丟掉了。不過，還好最近有兩件事情讓我比較快樂一點：

第一件事情是，我在 1997 年就把宏碁美國公司，從以主機為主的業務轉成以做週邊為主。主要的原因是，我們發現在美國市場上，個人電腦的品牌是不值錢的，不僅是 ACER 不值錢哦，AST 根本就是負的值，Packar Bell 更是不值錢，送我我都不要。當 TI（美商德

州儀器）要退出筆記型電腦的業務，找我們承接時，送我很多很多錢，我都還沒有賺到。所以，品牌形象的投資，在個人電腦產業中是要虧本的，HP、IBM 等品牌在個人電腦產業裏面也不值錢，整個產業看起來，大概只有 Dell（美商戴爾）這個品牌值錢。

雖然 ACER 這個品牌在美國的個人電腦領域，看起來不太值錢，實際上，它卻是蠻值錢的。當我去做電腦週邊的業務時，因為週邊比我有更強品牌的很少，所以我就可以賺錢；同樣的，我們去做電腦零組件的業務，也很賺錢。所以，現在是鄉村包圍城市，反正主機不賺錢，我就只好做別的。

第二件事情是，我們在美國做創投後，把過去在美國所虧的錢，全部又賺回來了。我以前一直在說，我對美國的貢獻很大，不但在當地創造就業機會，又虧了那麼多錢；現在，總算他們對我也有所貢獻了，我把投資美國一些新成立小公司的股票賣掉後，又把錢賺回來了。總而言之，我們一定要在我們的核心競爭力還在的時候，也就是在優勢消失之前，往前做未雨綢繆的試探；如果時間太晚的時候，實質上要付出的代價，會高出很多很多的。

我們要了解，美國的企業為什麼在全世界最有競爭力？理由很簡單，因為她把資源再分配到更有附加價值的地方。如果從國家競爭力的角度來講，我們為什麼要消耗這麼多資源，在這裏做沒有附加價值的東西？我記得在十幾年前，我們曾經開發了通信的數據機產品，後來還就是轉給同業，讓同業去賺錢；理由就是，在我們公司內部做不好的話，反而會浪費資源。

所以，今天台灣很多產業要保持世界第一的話，其實並不需要花那麼多力量，只要我們能夠把有限的資源，鎖定在有競爭力的地方即可。我特別要強調美國的人才不夠，台灣的人才更不夠！我們缺乏身經百戰的人才。從另一個角度來看，現在要開發很多新的東西，人才不夠，那麼我們總是要做先期投資嘛。但是，問題又來了，當你不早一點做投資，你就會覺得來不及了，那就讓社會來替你投資嘛。甚至我們都應該有一個新的觀念，公司或產品實在是不行的話，解散或者賣掉都還是最直接、有效的做法，對社會的資源、對投資者、對員工也都是最有利的。

Q5 現在是電子商務正在萌芽的階段，各地都在談 B2C，宏碁為什麼選在這個時候跟全國電子聯盟？是不是不看好 B2C 的生意模式？

當然，現在 B2B（公司對公司的電子商務）在美國市場的成熟度跟業務量，比 B2C（公司對消費者的電子商務）要高很多很多。甚至我們如果談 B2B 的話，我們更要考慮到我們是全球的一環，因為本來台灣經濟的 B2B 是國際化的；在這個領域裡面，政府有 A 計劃 B 計劃等等，也積極想要推動。我覺得我們大家也應該一起積極，不是只有經營國內的上、中、下游的關係而已，更要經營全球上、中、下游的關係。不過還好，從國際上、中、下游的關係來看，尤其在資訊產業，我們的地位不容許不在裏面，所以，我們本來就自然要在國際分工的 B2B 中，扮演重要的一環。

B2C 可以分成到底是遞送無形的東西？還是遞送實體的？以及B2C 之後，有沒有需要服務的東西？有的是東西交了以後，就沒有需要服務的東西。所以，如果做這樣一個分類，單純就網際網路中的 B2C 而言，對於電腦軟體程式的配送、一些節目內容的取得、甚至於線上的信用調查等等，遞送的都是無形的東西，它是用位元（bit）的角度在遞送，當然它在過程中，已經完成所有的東西了。

不過，在我們的生活中，雖然無形 bit 的份量，比原子的份量越來越重要，但是有形的東西還是存在的。當你在遞送有形的東西，或者消費者需要你進一步服務的時候，你還是會需要有實體世界。這個也就是為什麼我們要跟全國電子聯盟的理由，我們希望能夠把虛擬跟實體世界做一些有效的整合。

不過，現在我也推出所謂「虛擬夢幻組合」的新觀念。為什麼要組合？「組合」的意思就是每一個單位，都有他自己的角色。打球時，每一個位置都有一定的角色：網際網路有一個角色，全國電子有一個角色，書店也有他的角色，每個人都有他所適合扮演的角色。

因為現在是非常多元化的時代，我不僅僅是在賣一個東西，或服務一件事情而已；當為了要達到某一個目，由於所牽涉的東西實在是太廣泛了，因此我們要分類：某一類或者某一件消費者跟供應商之間的關係，應該用什麼一個組合？這個組合包含供應鏈、銀行、貨運公司、以及很多很多的成員，我們必須找出到底什麼是我們關鍵、而且要密切配合的東西？就像球賽時，你一定要密切配合，所以就應該組成一個團隊。

因此，宏碁集團實質上是介入了很多不同的業務領域，但是這些業務平時是各自為政的。我們希望有機會為了某一個目的，它們能夠很快地組合成虛擬夢幻的團隊，來提供特定目的所需要的核心競爭力。這個也是說，在我們未來的事業經營中，要建立一個新的核心競爭力，並不是那麼容易的，何況是全新、沒人做過的。如果你早一點、專注一點也許還好；如果你要做一件事情，需要一個全新的核心競爭力，但是對別人講是已經妥善建立了，這個時候，你到底要自己創造、還是要組成一個虛擬夢幻的團隊來達到這個目的？

因此，我們希望跟全國電子在未來的某一些領域，是屬於能夠變成一個夢幻組合的。但是，對於全國電子既有的傳統領域裏面，我們能不能引進宏碁過去經營管理的經驗及訣竅，或者從產品線的考量來幫助他們，例如從各方面引進新產品、引進國內外的新產品等等，使現有的業務能夠更有效的發展。所以是兩方面的：除了本質也要做必要的轉型外，另一個就是未來的虛擬夢幻團隊能夠形成。

台灣國際行銷的人才非常少，這會不會成為台灣的危機？這是不是你成立宏碁標竿學院的原因？

台灣要發展長期的競爭力，所需要的要素中，建立國際行銷的能力是最難的，所需要的時間也是最長的。過去這幾十年來，台灣的經濟發展很明顯地是從製造開始，外商到台灣設立製造工廠，帶動我們製造的管理能力；接下來，國內訓練一些人才，又有一些海外訓練的人才回來，所以就開始慢慢地建立研展的能力，其中當然是需要時間來建立的。

我常常說：如果說台灣的製造能力是 A 級，研展的能力可能是 B、B+ 級，行銷的能力應該就是 C 級或者 D 級。理由是，國際行銷這個東西你能不能學？我們也是有在學啊，例如，美國不管是可口可樂、或者是汽車到台灣來，或者日本的家電到台灣來，他們也要行銷，投入做台灣市場的行銷人才；不過，因為他們不是做國際行銷的工作，也就是說，我們的人、我們的廣告公司，都是以台灣為市場，這個相對地是比較簡單，不只是範圍小，它的深度也是不夠的。因為，如果是從國際行銷的角度來談，到最後甚至會和整個投資，以及研究發展都可能有關的，所以，整體看來，我們是沒有機會的，這是很現實的。

沒有關係，台灣有製造的優勢；我們所包含不只是製造，現在是製造再加上產品的設計，還有台灣的錢；因為台灣的錢替他們買材料，做全球運籌，我們也承擔這些材料中間的風險，執行材料供應管理的工作。所以，我們現在的核心競爭力實質上已經超越了一般在中國大陸或者東南亞國家純粹製造的角度。只是，既然我們已經有這個基礎，到底我們的企圖心是到這裏為止？還是說我們試探地要往前走？何況要在台灣建立一個國際行銷的能力，可能要五十年。

我不是跟大家開玩笑，因為荷蘭人到台灣已經四百年了，他們早就國際化了；美國人也是一兩百年前，就到亞洲來了。所以，台灣企業如果國際化要五十年，那誰要在前面？誰要累積這個經驗？一代一代的，這裡面不僅是質而已，還要有足夠的量，因為你要有夠大的量，整個客觀環境才夠成熟。

所以，在這種情形之下，第一個結論是，不值得為短期的事煩惱，只是有些我們希望更能提高的未來的競爭力，我們一定要再加強。實質上，如果把時間拉長，這個過程是可以負擔得起的投資。因為你越來越具備國際行銷能力，對整個台灣競爭力的提昇，可能它所創造的利益是很大的，也提供要打更進一步硬仗的基礎。

就像運動比賽，你打台灣盃、亞洲盃、世界盃，是不一樣的層次；因為你要打的仗，層次是越來越高的，當有一天，你要打世界級的時候，你就不得不也開始具備那個能力。所以，我認為從國際行銷的條件來看，我們不要好高鶩遠。宏碁當然很積極，不過我們也視情況，做必要的調整；但是，我們絕不放棄，是一步一步地往前走。

我認為，我們這場仗，應該還有時間，其關鍵就是台灣製造業的競爭力，高科技製造業的競爭力。不管是五年、十年，實際上，我們有足夠的時間；因為，在製造業之外，我們有很多地方還可以加強的。現在先不要談全球，至少，我們應該在日、韓以外的亞洲地區，成為領先者。宏碁現在是東南亞第一名，《讀者文摘》所做的讀者調查，宏碁是排在 IBM、Compag 前面，這表示事有可為，是可以做得到的。如果台灣有很多的品牌，在東南亞區域是第一的，我們的競爭力當然就強了。

我們要曉得，歐洲有很多的企業，在國內只是佔百分之五十的營業額，在全歐是百分之八十，也沒有走出到亞洲和美國，頂多是那個品牌名字走出來而已，真正他的業務走出來的非常有限的。所以，我們也可以把我們的重心放在亞洲，然後在美國做一個樣子，這樣我們也是全球品牌。實質上，這本身就是不公平的競爭：因為，美國人到亞洲來，他不只是外國公司，還是遠道而來；我們是近道，就近取材。如果是到歐洲去，我們是長征軍，所以跟他們當地的公司打仗，我想大概機會就不是很大。

關於人才的訓練，我覺得企業扮演比較大的角色。我們學校的課上得夠多了，現在管理的書也實在是太多了，看都看不完。所以，最重要的就是，應該在企業還可以承擔風險的時候，多做一些有意義的事情，在這方面多一點企圖心。因為有企圖心，人生總是比較不會那麼枯燥，比較有價值一點。訓練一些人才往前推，總是比較好；所以，大家有心的話，一步一步地往這方面走，不管是交大EMBA或者宏碁標竿學院的一些課程，都是一樣的。

實質上，如果要談人才的訓練，我們有一個「全面品牌管理」的課程，也是自己內部在用。我們從國外引進的訓練課程，都是在學校之前，最先進的東西公司內部都有；但是，你上過那些課程，不能算具備相關的知識了，只能說是知道一些訊息、資訊，這是沒有用的；你要把它們消化，變成符合我們的客觀環境，而成為我們能夠用的東西。這個都是實戰，需要各個企業長期的投資。

Q7 創新是不是保證可以獲利？一個新流程或產品一定會帶來利潤嗎？要如何加以評估？

A 吾道一以貫之，當然還是要回到競爭力公式。如果先不管這些創新的產品，市場可能的接受度是怎麼樣，創新本身就會有很大的一個風險：這個創新的產品、創新的流程是不是跟你想像的一樣順利？這些都需要投入很多的時間。反過來說，如果不創新，你抱住原來的模式到底有沒有生機？答案是死，不創新是死嘛，只是苟且偷生，到最後還是死；所以，即使創新也死的話，那死的痛快一點。不過，當然大家都不願意死啦，創新至少創造一個新的機會。

有經驗的創新當然要步步為營，而且要考慮負面的角度。因為創新原本是要創造價值的，如果因為創新讓工作同仁不習慣，做不出來，導致成本提高、效率降低等，這些都會提高成本，所以，我覺得還是用那個基本的公式，自己評估一下，重點是哪裏？實際上，真正對每一件事情在做評估的時候，我們會有無限多個權重；由於我們的經歷是非常有限，所以，我們最大的挑戰是能夠在千頭萬緒之中，很簡單地挑出兩三個因素，並先行忽略其他所有的因素。然後，對這兩三個因素做評估，以這個結果來做決策；萬一不是很順利的話，至少我們知道疏忽了哪幾個重要的因素。也不要說，打輸了，就找那麼多理由；因為長篇大論只能當學生，做生意沒有機會長篇大論。就是沒有那麼多理由，大概是這個，就是這個、這兩個，三個都變多了，就是這麼簡單。

Q8 你曾認為將來台灣的首富會是軟體業者，你為什麼會這麼認為？還有多久會實現？

如果前面使大家有一個印象，需要那麼多的創新才能生存的話，好像是誤導了。我想，只要有一點點的創新，可能就活得下去了，可能沒有那麼複雜啦。至於說能不能成為首富，關鍵在市場；因為軟體的東西複製不要錢，所以只要市場夠大，就有機會。現在唯一的問題就是，到底我們的市場有多大？台灣本地的市場胃納有限，所以，如果沒有國際的市場，要變成首富其實是很困難的。不過，台灣已經創造很多的電子新貴了，這個已經是事實了。

很明顯地，在美國排行前十大有錢人中，有幾名是軟體領域的；從每年所得最高的排行來看，實際上，在日本是作家，也是軟體領域的。所以，只要有市場，軟體業者是有機會成為首富的。我想在有生之年，大家應該都看得到這個結果的。我不是開玩笑，我認為不會太遠，二十年以內，說不定十年，可能就看得到了。因為，美國發生的事情，一定是在未來會在台灣出現；以日本為例，現在軟體銀行（SoftBank）的老闆孫正義已經變成首富了嘛，已經都發生了，在市場大的地方已經發生了。

Q9 能否舉出目前台灣最具有創造價值的公司或產品？
宏碁在美國的創投有哪些創新點子可供台灣同業參
考？

在大潮流之下，實質上創投在美國是蓬勃發展的，在台灣也是蓬勃
發展。蓬勃發展的原因是因為第一它是對的產業，第二個是現在已
經到了全民理財的客觀環境。也就是說，資金市場存在的話，它才
能夠創造這樣一個結果。

至於第一個問題，我可能要做功課，現在想不出來。倒是我願意從
另外一個角度，就是管理的創新，宏碁在管理的創新，實質上創造
了很多價值。這個價值是從哪裏來？是無中生有的，是同仁潛力的
開發。當然，不是百分之百，但是，就是儘量塑造一個客觀的環
境，讓同仁能夠充份的發揮。如果從這個角度來看，管理的創新好
像沒有在這裏面，實際上，它很明顯地，絕對有創造價值。

創新實際上是跟客觀環境有關聯的，如果說，過去一個口令一個動
作，也是一種模式的話；現在，可能由於整個民主、政治、教育普
及等等因素的結果，造成了可能是另外一個管理模式，所以能夠創
造更多的價值。

Q10

『所有顧客的滿意度都是無形的形容，不是產品品質的問題，客戶都是在一刹那間感覺產品好不好，不一定都是有形的問題。』
要創造這種無形的滿意度，重點何在？

A 要站在客戶的立場來看。

包括如何滿足客戶的期望，以及如何壓制客戶過度的期望。要告訴客戶，如果他有過度的期望，就要另外付出代價。

事實上，客戶感到好的東西，都是有形的；感到不好的東西，都是無形的，情緒的。

因此，我們可以從另一個角度來看客戶服務；一個東西除非品質太差，不停地壞，否則，偶爾壞一次，如果可以做好維修服務，我們就反而更可以讓客戶滿意。

知識經濟的時代，本來就有助於我們進一步了解客戶。如何滿足他的需求，又同時壓制他的過度期望，都是知識、無形範疇。

Q11

企業領導人應該如何訓練自己，看一件事情要以最快的速度掌握核心？
有何重點？

A

每件事情都要三句話裡講得清楚，並以精準的方式表達。

超過三個重點就是沒有重點。

Q12

『創新也可以分成各種等級，愈高級的創新風險愈高，但是報酬也愈大。』
那麼創新可以分成多少種等級？

A

可以分成三個等級：尖端，中等，普通。

尖端的創新，可不可行還不知道，所以回收雖然最高，但是風險也最高。

中等的創新，則是已經可以證明可行，在可行的基礎上再加以改善。

而附加價值之高低，在於投下工夫的深淺。台灣有很多創新，往往是靠個靈感，就發明出來的東西。附加價值都很低，競爭障礙也低。

Q13

為什麼說『做研究發展，過程最重要，就算計劃失敗了，在進棺材之前，我都會伸出手再撈一點進去』？失敗的研究發展計劃，可以產生什麼樣的附加價值？

其實，研究發展的過程本身就是經驗。

何況，技術開發過程中，原先希望的產品開發失敗，但是中間產品卻大發異采的例子比比皆是。在化學和藥品上，尤其如此。

Q14 爲什麼說『在個人電腦產業，有品牌是要虧本的，除了戴爾以外，惠普、IBM的品牌都不值錢。』？

A

他們的品牌仍是值錢的，但是被經營的效率打折了；何況，很多雜牌的產品，往往比一些名牌產品更能反映最新的科技。

惠普、IBM的產品，早期可以有百分之三十的溢價價值。但是從1984年之後，就逐漸不值錢了。

另外，品牌值不值錢，取決於不是理性，而是感性的因素。

Intel當年扶助Compaq和IBM競爭，等Compaq太大了，又扶Dell來對抗。宏碁則採取兩個策略：一是多管齊下，加強服務；二是加強營運的改善。

Q15 『販賣有形的產品，或者消費者需要進一步服務的時候，還是需要有實體世界。』什麼樣的產品完全不需要實體世界？

A 一些無形或可以靠位元（bit）傳遞的產品。例如：軟体、服務、音樂、電影、書等等。

Q16 台灣的製造能力是 A，研發能力是 B、B+，行銷能力應該是C或D。』
那麼，財務和管理能力呢？

A 研發的管理能力是B、B+

製造的管理能力是 A

行銷的管理能力應該是C或D

財務的管理能力，高科技產業是A-，或B，傳統產業是C。

Q17 『我們最大的挑戰是，能夠在千頭萬緒之中，很簡單地挑出兩、三個因素，忽略其他因素，評估這兩、三個因素，然後做決策。萬一不順利，你至少知道疏忽了哪些因素。』
一個領導者怎樣進行這種訓練？

A 做事情，看事情，以三個重點為主。

附 錄 1
施振榮語錄

1.

外國消費者買台灣產品，雖然沒有品牌，實際上卻非常有價值。

這些價值代表兩種意義：一是功能性的價值，如方便使用；另一個是荷包的價值，也就是物超所值。

2.

我一直很反對老一輩企業家不斷強調台灣不好、勞工成本太高、不聽話等說法，這些道理根本說不過去；因為，今天勞工成本、環保成本提高，都是我們追求的目標。

3.

速度就是金錢，彈性就是掌握機會，而腦力也是一種成本。

4.

談創新不應局限於科技創新，因為創新不限於科技。

5.

一創新之後，立刻就要做競爭力公式的比較，要馬上評估創新產生的成本是多少。

6.

為了要創造價值，最好了解客戶，而了解客戶也需要成本。

你也許可以憑經驗就想到，但也可能花了很多經費，卻不得要領，經驗就是每一個人的成長。

7.

我們就是沒有條件做世界的老大，不能強出頭，只能等時機成熟再說。我們是老二中的老大（在台灣是老大），然後再進步為部分老大。

8.

資源非常有限，所以更要善用有限的人力資源，集中在有競爭力、有機會制勝之處。

9.

經營事業要建立新核心競爭力並不容易，何況是全新、沒人做過的事？

10.

台灣要累積經驗，不只要重質，還要考慮量，因為要夠大的量，才會出現好的客觀環境。

唯有具備國際行銷能力，台灣才能打世界級的仗。

11.

美國人到亞洲來不僅是外國公司，還是遠道而來，我們是就近取材；我到
歐洲去是長征軍，機會就不是很大。

12.

創新並不代表能賺錢，也要有執行力，還要時機對。

13.

不創新就要「死」，頂多只是苟且偷生而已。

附 錄 2
孫子名句

1.

將受命於君，合軍聚眾；圮地無居、衢地合交、絕地無留、圍地則謀、死地則戰、
途有所不由，軍有所不擊，城有所不攻，地有所不爭，君命有所不受。

將不通于九變之利者，雖知地形，不能得地之利矣。

治兵不知九變之術，雖知地利，不能得人之用矣。

2.

用兵者，無恃其不來，恃吾有以待之；

無恃其不攻，恃吾有所不可攻也。

3.

將有五危：

必死可殺，必坐可虜，忿速可侮，廉潔可辱，愛民可煩。

凡此五危，將之過也，用兵之災也。

4.
途有所不由，軍有所不擊，
城有所不攻，地有所不爭，
君命有所不受。
5.
無恃其不攻，恃吾有以待之；
無恃其不來，恃吾有所不可攻。

6
敵近而靜者，恃其險也。
7.
遠而挑戰者，欲人之進也。

領導者的眼界 **5**

創新的6種形式
創新決定競爭力
施振榮／著・蔡志忠／繪

責任編輯：韓秀玫　　封面及版面設計：張士勇
法律顧問：全理律師事務所董安丹律師
出版者：大塊文化出版股份有限公司
台北市105南京東路四段25號11樓
讀者服務專線：080-006689
TEL：(02) 87123898　FAX：(02) 87123897
郵撥帳號：18955675　　戶名：大塊文化出版股份有限公司
e-mail:locus@locus.com.tw
www.locuspublishing.com
行政院新聞局局版北市業字第706號
版權所有　翻印必究

總經銷：北城圖書有限公司
地址：台北縣三重市大智路139號
TEL：(02) 29818089 (代表號)　FAX：(02) 29883028　9813049
初版一刷：2000年10月
定價：新台幣120元
ISBN 957-0316-34-9　　　　Printed in Taiwan

國家圖書館出版品預行編目資料

創新的6種形式：創新決定競爭力
／施振榮著；蔡志忠繪 .—初版 .— 臺北市：
大塊文化，2000[民 89]
面；　公分 . — (領導者的眼界；5)
ISBN 957-0316-34-9 (平裝)
1. 企業管理　1. 知識經濟

494

編號：領導者的眼界05　　書名：創新的6種形式

讀者回函卡

謝謝您購買這本書,為了加強對您的服務,請您詳細填寫本卡各欄,寄回大塊出版 (免附回郵) 即可不定期收到本公司最新的出版資訊,並享受我們提供的各種優待。

姓名:　　　　　　　　**身分證字號:**

住址:＿＿＿＿＿＿＿＿＿＿＿＿＿＿＿＿＿＿＿＿＿＿＿＿＿＿＿＿＿

聯絡電話: (O)＿＿＿＿＿＿＿＿＿＿　　(H)＿＿＿＿＿＿＿＿＿＿＿＿

出生日期:＿＿＿＿年＿＿＿月＿＿＿日　**E-Mail:**＿＿＿＿＿＿＿＿＿＿＿＿

學歷: 1.□高中及高中以下　2.□專科與大學　3.□研究所以上

職業: 1.□學生　2.□資訊業　3.□工　4.□商　5.□服務業　6.□軍警公教
7.□自由業及專業　8.□其他＿＿＿＿＿

從何處得知本書: 1.□逛書店　2.□報紙廣告　3.□雜誌廣告　4.□新聞報導
5.□親友介紹　6.□公車廣告　7.□廣播節目8.□書訊　9.□廣告信函
10.□其他＿＿＿＿＿

您購買過我們那些系列的書:
1.□Touch系列　2.□Mark系列　3.□Smile系列　4.□catch系列　5.□天才班系列
5.□領導者的眼界系列

閱讀嗜好:
1.□財經　2.□企管　3.□心理　4.□勵志　5.□社會人文　6.□自然科學
7.□傳記　8.□音樂藝術　9.□文學　10.□保健　11.□漫畫　12.□其他＿＿＿＿＿

對我們的建議:＿＿＿＿＿＿＿＿＿＿＿＿＿＿＿＿＿＿＿＿＿＿＿＿

LOCUS

LOCUS

LOCUS

LOCUS